Jemin Avalani
Sujan Vohra

Síntese de derivados de 4H-pirano por um novo solvente eutéctico profundo

Jemin Avalani

Sujan Vohra

Síntese de derivados de 4H-pirano por um novo solvente eutéctico profundo

Cloreto de colina: ácido tartárico

ScienciaScripts

Imprint

Any brand names and product names mentioned in this book are subject to trademark, brand or patent protection and are trademarks or registered trademarks of their respective holders. The use of brand names, product names, common names, trade names, product descriptions etc. even without a particular marking in this work is in no way to be construed to mean that such names may be regarded as unrestricted in respect of trademark and brand protection legislation and could thus be used by anyone.

Cover image: www.ingimage.com

This book is a translation from the original published under ISBN 978-620-7-64797-2.

Publisher:
Sciencia Scripts
is a trademark of
Dodo Books Indian Ocean Ltd. and OmniScriptum S.R.L publishing group

120 High Road, East Finchley, London, N2 9ED, United Kingdom
Str. Armeneasca 28/1, office 1, Chisinau MD-2012, Republic of Moldova, Europe
Printed at: see last page
ISBN: 978-620-7-67150-2

2024

AGRADECIMENTOS

A conclusão desta Dissertação de Mestrado em Química marca o culminar de meses de investigação, aprendizagem e crescimento pessoal. Esta viagem não teria sido possível sem o apoio e a orientação de muitas pessoas que merecem a minha mais profunda gratidão.

Em primeiro lugar e acima de tudo, expresso os meus sinceros agradecimentos ao meu estimado supervisor, Dr. Jemin Avalani sir, pelo seu apoio inabalável e orientação perspicaz ao longo de todo o processo. Forneceu um feedback inestimável, desafiou o meu pensamento e encorajou-me constantemente a atingir o meu potencial máximo. A sua experiência em conhecimentos extensivos e experiência prática em reacções químicas e análise mecanicista foram inestimáveis. Não só me mostrou como navegar nas complexidades do trabalho laboratorial, como também iluminou o caminho para articular as minhas descobertas com clareza, o que foi fundamental para moldar este projeto de investigação e garantir o seu sucesso.

Estou também incrivelmente grato ao Dr. Jatin D. Patel (Diretor) e ao Dr. Vishant C. Patel (Chefe de Departamento) por me terem dado a oportunidade de realizar esta investigação e de aceder às suas instalações de ponta.

O pessoal dedicado prestou uma assistência técnica e um apoio administrativo inestimáveis ao longo deste projeto.

Estou profundamente grato à Sra. Hetal Padhiyar pela sua colaboração e amizade ao longo desta jornada. Os seus conhecimentos, discussões perspicazes e disponibilidade para ajudar foram inestimáveis. Estendo os meus sinceros agradecimentos à minha família e amigos pelo seu amor inabalável, encorajamento e compreensão. O seu apoio constante ajudou-me a perseverar nos momentos difíceis e a celebrar os sucessos ao longo do caminho.

A todos os que foram mencionados acima, obrigado pelas vossas inestimáveis contribuições para esta dissertação. Estou verdadeiramente grato pelo vosso apoio e orientação, que tornaram possível esta realização.

Com os melhores cumprimentos,
Sujan Vohra

Índice

AGRADECIMENTOS 2

1. RESUMO 5

2. Introdução 7

3. Materiais e métodos 23

4. RESULTADOS E CONCLUSÕES 27

5. CONCLUSÃO 35

1. RESUMO

O procedimento começou com a preparação de um solvente eutéctico profundo (DES), que foi sintetizado através da combinação de componentes designados. Este solvente foi então utilizado como meio de reação para uma síntese multicomponente de compostos *4H-piranos*. Após a conclusão bem sucedida da reação, o DES foi eficientemente reciclado, demonstrando uma abordagem ecológica à síntese química através da minimização de resíduos e da reutilização de materiais.

LISTA DE ABREVIATURAS

DES: Deep Eutectic Solvent

RT: Room Temperature

RB Flask: Round Bottom Flask

MCRs: Multicomponent Reactions

°C: Degree Celsius

ILs: ionic liquid

HBA: hydrogen bond acceptor

HBD: hydrogen bond donor

TLC: thin layer chromatography

2.Introdução

2.1 Solvente Eutéctico Profundo (DES)

As DES são soluções de ácidos e bases de Lewis ou de Bronsted que formam uma mistura eutéctica. Os DES consistem em dois ou mais componentes que se associam principalmente através de ligações de hidrogénio.[1]

Os solventes eutécticos profundos (DESs) são misturas com pontos de fusão inferiores aos dos seus componentes individuais. As propriedades únicas dos DESs tornam possível considerá-los como substâncias completamente novas com potencial ainda desconhecido.[2]

Os solventes eutécticos profundos e os líquidos iónicos (LIs) têm atraído a atenção no domínio da química. Os IL são solventes compostos inteiramente por iões, desprovidos de moléculas neutras. Apresentam uma volatilidade que sugere segurança e respeito pelo ambiente em comparação com os compostos convencionais, mas podem sofrer de elevada viscosidade, o que afecta a sua utilização prática, e de estabilidade limitada em condições metalúrgicas.[3]

Os DESs são uma nova classe de solventes que surgiram na química verde. Os DESs são considerados solventes verdes devido à sua baixa toxicidade e volatilidade, biodegradabilidade, fácil produção, elevados rendimentos e pureza e ao facto de estarem amplamente disponíveis. São mais baratos de fabricar do que os líquidos iónicos modernos baseados em aniões discretos

[1] Hansen, Benworth B., et al. "Deep eutectic solvents: A review of fundamentals andapplications." *Chemical reviews* 121.3 (2020): 1232-1285.

[2] Dzhavakhyan, M. A., e Yu E. Prozhogina. "Solventes Eutécticos Profundos: History, Properties, and Prospects". *Pharmaceutical Chemistry Journal* (2023): 1-4.

[3] Plotka-Wasylka, Justyna, et al. "Deep eutectic solvents vs ionic liquids: Similaridades e diferenças". *Microchemical journal* 159 (2020): 105539.

que partilham muitas características.[4]

Os DES têm sido utilizados como solventes e catalisadores em várias reacções químicas, tais como a síntese de produtos químicos finos, produtos farmacêuticos e biocombustíveis. Os DES têm sido utilizados para dissolver e extrair vários compostos, como a celulose e a quitina. Têm sido utilizados como electrólitos em aplicações electroquímicas, tais como baterias, condensadores e células solares.[5]

Os DESs têm sido utilizados com sucesso para a estabilização de diferentes tipos de amostras antes da sua análise sem interferir com os métodos.[6][7]

O NADES pode também melhorar o método analítico para a análise de diferentes fármacos (aspirina, atorvastatina, metformina, metoprolol), como demonstrado recentemente por Ramezani et al. (2020). [6]

Além disso, alguns autores demonstraram a utilidade dos DESs como atividade antibacteriana para a melhoria de diferentes materiais candidatos para fins médicos. Gronlien et al. (2020) descreveram a potencial utilização

[4]del Monte, Francisco, et al. "Deep eutectic solvents in polymerizations: Uma alternativa mais ecológica às sínteses convencionais." ChemSusChem 7.4 (2014): 999-1009.

[5] Fetisov, Evgenii O., et al. "Estudo de dinâmica molecular de primeiros princípios de um solvente eutéctico profundo: Colina
cloreto/ureia e sua mistura com água". *The Journal of Physical Chemistry B* 122.3 (2018): 1245-1254.[6] Lomba, L.; García, C.B.; Ribate, M.P.; Giner, B.; Zuriaga, E. Aplicações de solventes eutéticos profundos relacionados à saúde, síntese e extração de produtos químicos de base natural. *Appl. Sci.* **2021**, *11,* 10156.

[7] Lomba L, García CB, Ribate MP, Giner B, Zuriaga E. Aplicações de solventes eutécticos profundos relacionadas com a saúde, a síntese e a extração de produtos químicos de base natural. *Ciências Aplicadas.* 2021; 11(21):10156

de NADES com colagénio numa aplicação prática que combina a cicatrização de feridas por péptidos de colagénio e as propriedades antibacterianas das NADES.[6,7]

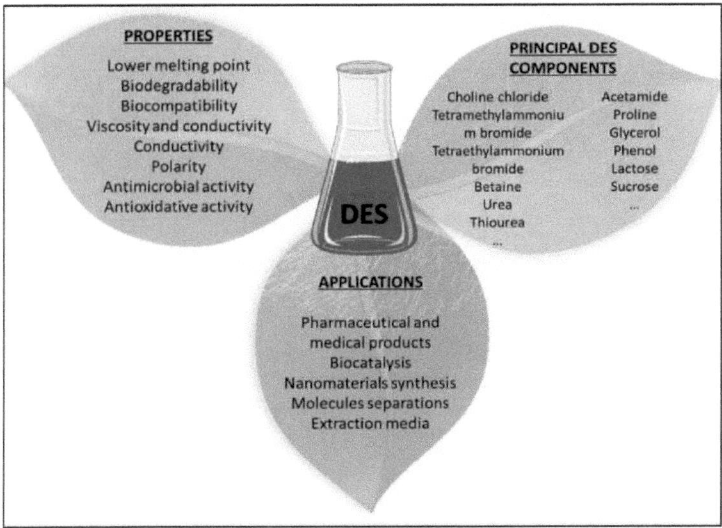

Figura 1 1 Importância dos DES

As NADES representam plenamente os princípios da Química Verde. São considerados como o terceiro solvente nas células vivas, o que explica a sua elevada capacidade de solubilização de produtos naturais. Os NADES são normalmente obtidos através da mistura de uma molécula aceitadora de ligações de hidrogénio (HBA) com uma molécula doadora de ligações de hidrogénio (HBD), o que leva a uma depressão significativa do ponto de fusão. As ligações de hidrogénio e as interacções de Van der Walls são a principal força motriz deste fenómeno.

Os componentes facilmente disponíveis, a preparação simples, a biodegradabilidade, a segurança, a reutilização e o baixo custo são vantagens importantes que estão a incentivar a investigação sobre as suas aplicações analíticas. De facto, apresentam excelentes propriedades físico-químicas: volatilidade negligenciável, uma vasta gama de estados líquidos, viscosidade e polaridade ajustáveis e uma elevada capacidade de solubilização.[8]

Os DES contêm iões grandes e não simétricos que têm uma baixa energia de rede e, por conseguinte, baixos pontos de fusão. São normalmente obtidos através da complexação de um sal de amónio quaternário com um sal metálico ou um dador de ligações de hidrogénio (HBD).

Os solventes eutécticos profundos podem ser descritos pela fórmula geral,

$$Cat^+ X z^- Y$$

em que Cat^+ é, em princípio, qualquer catião de amónio, fosfónio ou sulfónio, e X é uma base de Lewis, geralmente um anião halogeneto. As espécies aniónicas complexas são formadas entre X e um ácido de Lewis ou de Brpnsted Y (z refere-se ao número de moléculas Y que interagem com o anião).[9]

Os DES são geralmente preparados através da mistura de HBA e HBD a uma

[8] de los Ángeles Fernández, María, et al. "Extracções naturais mediadas por solventes eutécticos profundos: The wayforward for sustainable analytical developments." *Analytica chimica ata* 1038 (2018): 1-10.

[9] Smith, Emma L., Andrew P. Abbott, e Karl S. Ryder. "Solventes eutéticos profundos (DESs) e suas aplicações". *Chemical reviews* 114.21 (2014): 11060-11082.

temperatura adequada, de uma de duas formas: (1) o componente de ponto

de fusão mais baixo é primeiro fundido e, em seguida, o composto de ponto

de fusão mais elevado é adicionado ao líquido e as misturas são fundidas em

conjunto; (2) os dois componentes são misturados e fundidos em conjunto,

quando ambos os constituintes têm pontos de fusão elevados.[10]

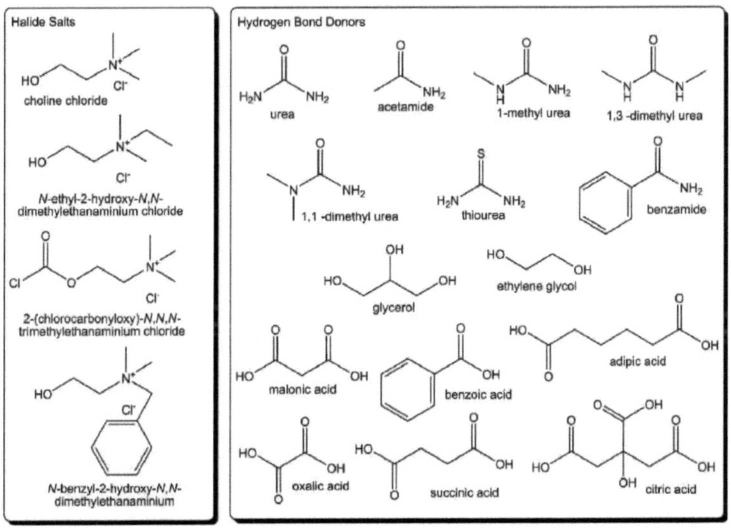

Figura 2 Estrutura de alguns sais de halogenetos e dadores de ligações de hidrogénio utilizados na formação de solventes eutécticos profundos

Os DES apresentam propriedades físico-químicas semelhantes às dos

---

[10]Smith, Emma L., Andrew P. Abbott, e Karl S. Ryder. "Solventes eutéticos profundos (DESs) e suas aplicações". *Chemical reviews* 114.21 (2014): 11060-11082.

líquidos iónicos tradicionalmente utilizados, mas são muito mais baratos e respeitadores do ambiente. Devido a estas vantagens notáveis, os SF têm atualmente um interesse crescente em muitos domínios de investigação. Os DES são utilizados em catálise, síntese orgânica, processos de dissolução e extração, eletroquímica e química dos materiais. Os SF não só permitem a conceção de processos eco-eficientes, como também abrem um acesso direto a novos produtos químicos e materiais.[11]

Uma das propriedades físicas mais notáveis dos LI é a sua pressão de vapor quase nula. Por conseguinte, os LI poderiam substituir os compostos orgânicos voláteis, evitando qualquer poluição atmosférica e também os correspondentes riscos de exposição dos trabalhadores ou riscos derivados, como a inflamabilidade do vapor, na sua utilização industrial. Uma vez que os DES são formados pela mistura de um composto não volátil, o IL, com um composto volátil, deverão ter volatilidades maiores do que os IL puros, pelo que a questão que se coloca é se os DES têm uma volatilidade suficientemente baixa para manter as vantagens dos IL.[12]

2.2 Reação multicomponente (MCRs)

As reacções multicomponentes são aquelas em que mais de dois reagentes

---

[11] Zhang, Qinghua, et al. "Deep eutectic solvents: syntheses, properties and applications." *ChemicalSociety Reviews* 41.21 (2012): 7108-7146.

[12] García, Gregorio, et al. "Deep eutectic solvents: physicochemical properties and gas separationapplications." *Energy & Fuels* 29.4 (2015): 2616-2644.

se combinam de forma sequencial para dar produtos altamente selectivos que retêm a maioria dos átomos do material de partida.[13]

As reacções multicomponentes são conhecidas há mais de 150 anos. A primeira reação multicomponente documentada foi a síntese de Strecker de α-amino cianetos, em 1850, a partir da qual se podem obter α-aminoácidos. Atualmente, existe uma grande variedade de MCR, das quais as MCR baseadas em isocianetos são as mais documentadas. Outras MCRs incluem MCRs mediadas por radicais livres, MCRs baseadas em compostos organoborónicos e MCRs catalisadas por metais.[14]

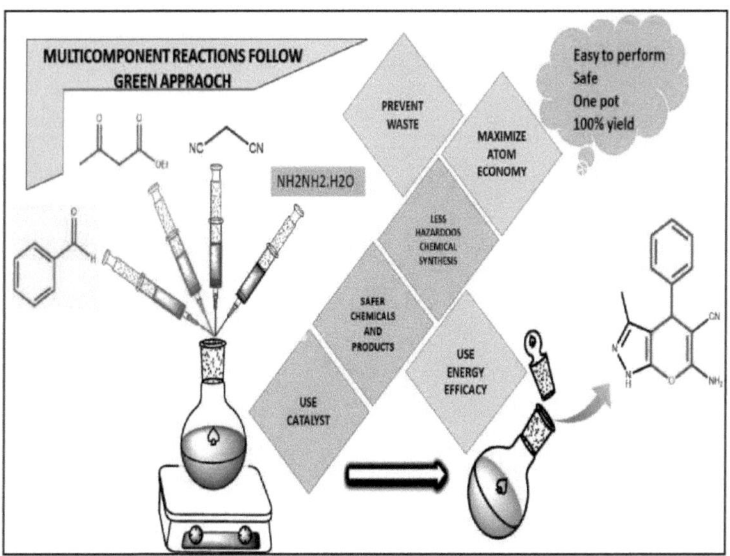

O Dr. Keshri Nath Tiwari e os seus colaboradores sintetizaram derivados 3-

substituídos de 3-hidroxi-oxindole e Spiro-oxindole-pirano utilizando o
comportamento nucleofílico da acetilacetona com isatina em água. O método
oferece condições de reação suaves, ampla tolerância de grupos funcionais e
procedimentos de trabalho simples. Também fornece um mecanismo para a
formação de produtos com base no resultado da reação, oferecendo
condições amigas do ambiente e um bom rendimento químico.[13 14 13 14 15]

O Dr. Rishanlang Nongkhlaw et.al. desenvolveu um protocolo sintético que
permite a síntese de derivados de pirano e pirrolidinona utilizando um
hidróxido duplo em camadas magnético (LDH) como fotocatalisador sob
irradiação de luz visível. Os compostos apresentam propriedades anti-
microbianas, com tempos de reação mais curtos, excelentes rendimentos,

---

[13] *Estratégias de condensação de múltiplos componentes para a síntese de bibliotecas combinatórias* Robert
W. Armstrong, Andrew P. Combs, Paul A. Tempest, S. David Brown e Thomas A. Keating Acc. Chem. Res.,
1996, 29 (3), pp 123-131

[14] Apresentação sobre Reacções Multicomponentes, Akul Mehta, 2009 (Apresentação sobre Reacções
Multicomponentes)

[15] Chandran, R., et al. "Approaches towards 3-Substituted-3-hydroxyoxindole and Spirooxindole-Pyran
Derivativesin a Reaction of Isatin with Acetylacetone in Aqueous Media." ChemistrySelect, vol. 4, no. 43, 2019,
pp. 12757- 12761. doi: 10.1002/slct.201903301.

simplicidade operacional, fácil recuperação do catalisador e reciclabilidade.
O metil2-(3-clorofenil)-2,5-di-hidro-4-hidroxi-5-oxo-1-fenil-1H-pirrole-3-
carboxilato apresentou a maior atividade contra todas as bactérias
testadas.[16]

Venkateswara Rao Anna et.al. relataram a síntese multicomponente de
dibenzo [b, d] furanos diversamente funcionalizados, promovida por
bases, resultando em precipitados puros com rendimentos bons a
moderados, separados por filtração simples.[17]

Ramesh Vediyappan et.al. (2007) desenvolveram um protocolo dominó de
quatro componentes para a síntese combinatória de novos N-metil-3-nitro-

---

[16] Chandran, R., et al. "Approaches towards 3-Substituted-3-hydroxyoxindole and Spirooxindole-Pyran Derivatives in a Reaction of Isatin with Acetylacetone in Aqueous Media." ChemistrySelect, vol. 4, no. 43, 2019, pp. 12757- 12761, doi: https://doi.org/10.1002/slct.201903301.

[17] Jaggavarapu, Satyanaraya Reddy, et al. "One-pot multicomponent domino synthesis of highly functionalizeddibenzo[b,d]furans." Tetrahedron Letters, vol. 123, 2023, p. 154547, doi: https://doi.org/10.1016/j.tetlet.2023.154547.

4-aril-4H-pirano[2',3':4,5]imidazo[1,2-a]piridina-2-amina e 2-amino-4-aril-4H-pirano[2',3':4,5]imidazo[1,2-a]piridina-3-carbonitrilo 8, resultando em rendimentos elevados e escalabilidade, eliminando a necessidade de trabalho extensivo e purificação em coluna.[18]

Rufus Smith et.al sintetizam a síntese de etilamino-5-ciano-4-aril-1,4-dihidropiridina-3-carboxilato, utilizando um procedimento de moagem multicomponente, que provou ser um método amigo do ambiente.[19]

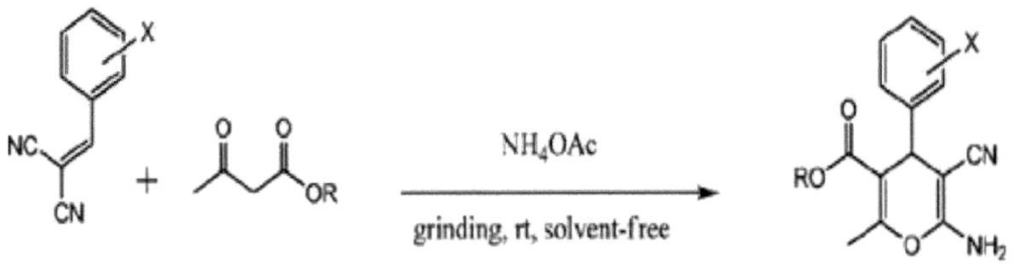

Rajeswar Rao Vedula et.al O estudo descreve uma reação sequencial de um pote e duas etapas para a preparação eficiente de derivados de 2-(4-hidroxi-6-metil-2-oxo-2H-pirano-3-carbonil)-6,6-dimetil-3-fenil-3,5,6,7-tetrahidro-2H-benzofuran-4-ona, resultando em bons rendimentos e estruturas

---

[18] Vediyappan, Ramesh, et al. "Um acesso fácil à síntese de um novo híbrido 4H-pirano [2',3':4,5] imidazo[1,2-a] piridina altamente funcionalizado através de uma reação de dominó de quatro componentes num só local." Tetrahedron Letters, vol. 131, 2023, p. 1547651

confirmadas.[20]

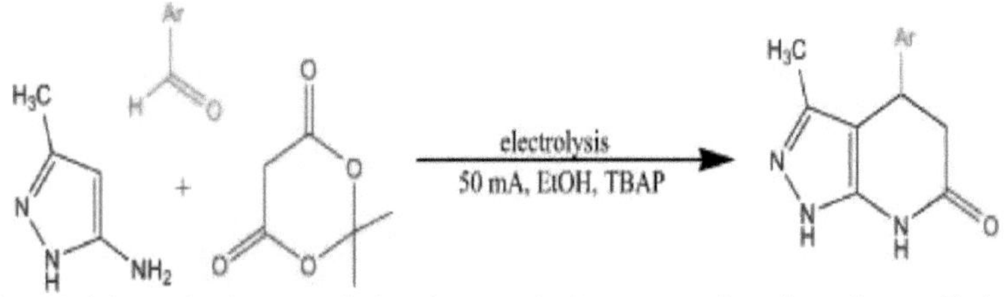

Hojat Veisi et.al. A estratégia eletroquímica para sintetizar 3-metil-4-aril-2,4,5,7-tetrahidropirazolo[3,4-b] piridina-6-onas oferece rendimentos elevados, ampla aplicação e um procedimento amigo do ambiente, utilizando uma base electrogénica do ácido de Meldrum.[19][20][19][20][21]

[19] Smits, Rufus, et al. "Synthesis of 4H-Pyran Derivatives Under Solvent-Free and Grinding Conditions" [Síntese de derivados de 4H-pirano em condições de moagem e sem solvente]. Synthetic Communications, vol. 43, no. 4, 2013, pp. 465-475Taylor & Francis Online, doi: 10.1080/00397911.2012.716484 1.

[20] Bade, Thirupaiah, e Rajeswar Rao Vedula. "Síntese de derivados de 2- (4-hidroxi-6-metil-2-oxo-2H-pirano-3-carbonil) -6,6-dimetil-3-fenil-3,5,6,7-tetrahidro-2H-benzofuran-4-ona via reação multicomponente." Synthetic Communications, vol. 44, no. 21, 2014, pp. 3183-3188, doi: 10.1080/00397911.2014.931434 1.

[21] Veisi, Hojat, et al. "Síntese promovida por base electrogeneizada de 3-metil-4-aril-2,4,5,7-tetrahidropirazolo[3,4- b]piridin-6-onas através de reacções multicomponentes de 5-metilpirazol-3-amina, aldeídos e ácido de Meldrum." Tetrahedron Letters, vol. 56, no. 14, 2015, pp. 1882-1886, doi: https:ZZdoi.org/10.1016Zj.tetlet.2015.02.098.

Graham J. Bodwel comunicou que a reação em dominó multicomponente é utilizada para sintetizar 6H-dibenzo[b,d]piran-6-onas, envolvendo seis reacções: Condensação de Knoevenagel, transesterificação, formação de enamina, reação IEDDA, eliminação de 1,2 e hidrogenação de transferência, com rendimentos 10-79% superiores aos dos métodos por etapas.[22]

Bernhard Biersack et.al relataram uma série de 2-amino-4-aril-4H-nafto[1,2-b]pirano-3-carbonitrilas que foram sintetizadas a partir do inibidor c-Myb 1b, que foi usado como composto principal para sete novos derivados naftopirânicos (3a-f). O alquino 3f, originalmente concebido para estudos de localização intracelular, mostrou elevada atividade em todos os ensaios, inibindo a angiogénese in vitro e in vivo. Verificou-se que se trata de um composto pleiotrópico com elevada seletividade para células cancerígenas.[23]

Anatoliy M. Shestopalov et.al Foi desenvolvido um método para sintetizar 2-amino-espiro[(3'H)-indol-3',4-(4H)-piranos] substituídos e anulados, envolvendo uma reação de três componentes de vários compostos. Foram

---

[22] Nandaluru, Penchal Reddy, e Graham J. Bodwell. "Síntese multicomponente de 6 H-Dibenzo [b, d] piran-6-onas e uma síntese total de Cannabinol." *Organic letters* 14.1 (2012): 310-313.

[23] Kohler, Leonhard H. F. et al. "Derivados multimodais de 4-arilcromeno com actividades estabilizadoras de microtubos, anti-angiogénicas e inibidoras de MYB". *ACSMedicinal Chemistry Letters,* vol. 13, no. 11, 2022, pp. 1783-1790.DOI: 10.1021/acsmedchemlett.2c00403.

obtidos quarenta novos espiropiranos e foi criada uma biblioteca de mil

membros.[24]

2.3 pirano

"O pirano, um grupo heterocíclico contendo oxigénio, apresenta diversas
propriedades farmacológicas. Serve como um bloco de construção crucial
em vários compostos naturais, incluindo cumarinas, benzopiranos, açúcares,
flavonóides e xantonas. Recentemente, investigadores de todo o mundo
concentraram-se nos piranos devido ao seu promissor potencial
anticancerígeno.

O cancro é um dos principais problemas de saúde a nível mundial, com uma
estimativa de 15 milhões de casos até 2020. Apesar da investigação em

[24]Litvinov, Yuri M., et al. "Versatile Three-Component Procedure for Combinatorial Synthesis of 2-Aminospiro[(3'H)-indol-3',4-(4H)-pyrans]." *Journal of CombinatorialChemistry,* vol. 10, no. 5, 2008, pp. 741-745. DOI: 10.1021/cc800093q.

curso, o cancro continua a ser a principal causa de morte, com mais de 80% da população mundial a depender de medicamentos tradicionais. As plantas têm uma longa história de tratamento de tumores, com mais de 60% dos actuais agentes anticancerígenos derivados da natureza. Os heterocíclicos são a classe de compostos mais abundante nos medicamentos conhecidos, mas os problemas de toxicidade e de resistência aos medicamentos continuam a ser um desafio. Este estudo apresenta as relações estrutura-atividade e os conhecimentos mecanicistas de piranos potentes seleccionados, que são classificados em quatro categorias: benzopiranos e estruturas anticancerígenas à base de piranos fundidos, flavonas e estruturas anticancerígenas à base de flavonas fundidas, cumarinas e estruturas anticancerígenas à base de cumarinas fundidas, xantonas e estruturas anticancerígenas à base de xantenos e outras estruturas. A classificação depende da presença da estrutura 2H ou 4H do pirano, sendo o derivado benzo do 2H-pirano o 2H-1-benzopirano e o análogo benzo do 4H-pirano o 4H-1-benzopirano.[25]

"A porção 4H-pirano é amplamente reconhecida em compostos naturais e sintéticos. Estas moléculas versáteis exibem uma gama de actividades

---

[25] Kumar, Dinesh, et al. "O valor dos piranos como estruturas anticancerígenas em química medicinal". *RSCadvances* 7.59 (2017): 36977-36999.

biológicas, incluindo efeitos anti-hepatotóxicos, antitumorais, anti-inflamatórios, antioxidantes, antiespasmódicos, diuréticos, estrogénicos, anticoagulantes, antifúngicos, antivirais, anti-helmínticos, antimicrobianos, hipotérmicos, anti-tuberculosos, anti-HIV, herbicidas, anticonvulsivos e analgésicos."[26]

Subhash Banerjee e a sua equipa desenvolveram uma síntese multicomponente de 4H-piranos e derivados de anilina polissubstituídos, eficiente e amiga do ambiente, utilizando nanopartículas de sílica como catalisador. Os derivados de 4H-pirano foram sintetizados utilizando uma reação de três componentes de aldeído, malononitrilo e 5,5-dimetil-1,3-ciclohexanediona ou acetoacetato de etilo, enquanto as anilinas polissubstituídas foram sintetizadas utilizando uma reação de quatro componentes.[27][28][28]

---

[26] El-Bana, Ghada G., et al. "A Review on the Recent Multicomponent Synthesis of 4H-PyranDerivatives." *MiniReviews in Organic Chemistry* 21.1 (2024): 73-91.

[27] Banerjee, Subhash, et al. "Uma síntese verde multicomponente one-pot de 4H-piranos e derivados de anilina polissubstituídos de aplicações biológicas, farmacológicas e ópticas usando nanopartículas de sílica como catalisador reutilizável." *Tetrahedron letters* 52.16 (2011): 1878-1881.

[28] El-Bana, Ghada G., et al. "A Review on the Recent Multicomponent Synthesis of 4H-Pyran Derivatives." *Mini-Reviews in Organic Chemistry* 21.1 (2024): 73-91.

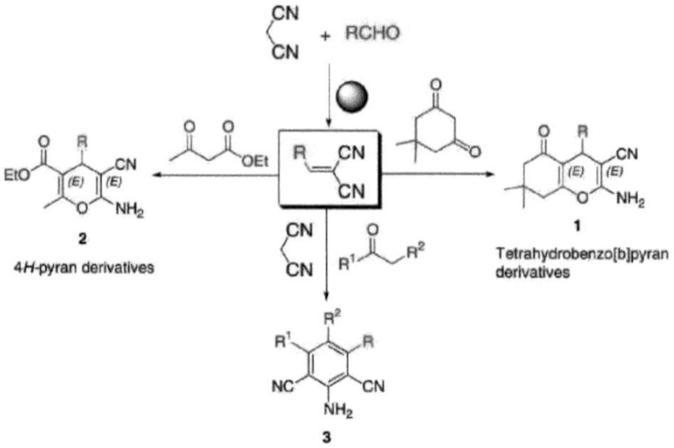

CN
CN
+ RCHO
R
CN
CN
EtO
R
CN
(E)
(E)
O
NH2
2
4H-pyran derivatives
CN
CN
R1
O
R2
R2
R1
R
NC
CN
NH2
3
O
R
CN
(E)
(E)
O
NH2
1
Tetrahydrobenzo[b]pyran
derivatives

3. Materiais e métodos

3.1 Materiais

Todos os produtos químicos eram de grau de investigação e foram utilizados tal como foram obtidos. Os pontos de fusão foram medidos em capilares abertos e não estão corrigidos. A TLC foi efectuada em placas pré-revestidas de Silica Gel 60 F254 (Merck). O DES foi preparado de acordo com o procedimento descrito na literatura.

3.2 Métodos

3.2.1 Preparação do solvente eutéctico profundo:

Misture o cloreto de colina (aceitador de ligações de hidrogénio) e o ácido tartárico (doador de ligações de hidrogénio) num balão RB, assegurando que a razão molar seja de 1:2. Aqueça a mistura de reação a 70^0 C durante 1h, até que a solução se torne um líquido claro e transparente.

3.3.2 Reação multicomponente de 4H Pirano:

Coloque o aldeído, o malononitrilo e o resorcinol ou a dimedona num balão RB e, em seguida, adicione DES ao balão RB. Adicione 5 ml de etanol para obter uma solução homogénea. Aqueça durante cerca de 3:00 a 4:00 horas até à conclusão da reação, a conclusão da reação foi verificada por TLC. Verta a mistura de reação em gelo picado. Filtre e seque-a.

3.2.3 O teste TLC é realizado para determinar se ocorreu uma reação: Primeiro, pegue na placa TLC e corte-a em 5 cm de comprimento e 2,5 cm de largura, depois pegue numa pequena quantidade de material de partida no tubo de fusão e adicione o solvente adequado para o dissolver, pegue noutro tubo de fusão com uma pequena quantidade de massa de reação e dissolva-a com o solvente adequado.

manchas:

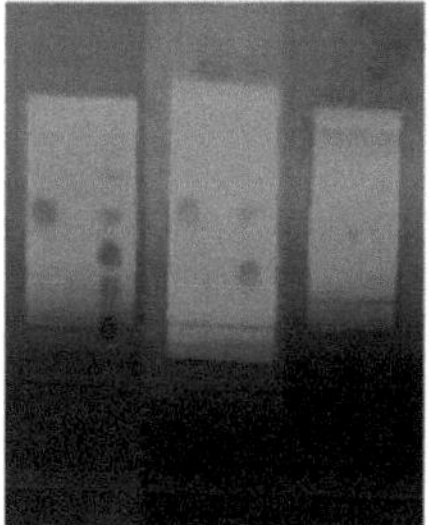

Pegue numa placa TLC com 5 cm de comprimento e 2,5 cm de largura e desenhe uma linha horizontal na parte inferior com cerca de 1 cm de comprimento. Deite uma gota de solução do material de partida no lado esquerdo da placa TLC e uma gota de solução da massa reacional no lado direito da placa TLC. Em seguida, verifique a mancha na máquina UV. É visível uma mancha clara na placa TLC.

placa TLC com solvente:

Coloque agora o sistema de solventes num copo de 50 ml e coloque a placa TLC na vertical, deixe o solvente escorrer para a placa TLC e, em seguida, verifique-a na máquina UV.

Na figura acima são apresentadas três placas de TLC, a primeira é tirada no momento inicial da reação, a segunda é tirada pouco depois de a reação ter começado e a terceira é a TLC final que mostra que o produto tem apenas um componente ou é puro.

3.2.4 Estudo de reciclabilidade do DES (solvente eutéctico profundo):
-

Filtragem: Comece por filtrar a mistura de reação. Coloque um papel de filtro num funil e verta a mistura para o funil. A parte líquida que escorre através do papel de filtro é chamada de filtrado. A filtração separa eficazmente o sólido do líquido.

Adicione éter: Depois de obter o filtrado, adicione-lhe éter dietílico. O éter dietílico é um solvente volátil que se dissolverá no filtrado.

Funil de separação: Transfira a solução (agora com éter) para uma ampola de decantação. No funil, formar-se-ão duas camadas: uma camada orgânica superior (contendo o éter dissolvido) e uma camada aquosa inferior.

Separação das camadas: Deixe que as duas camadas se separem. A camada orgânica (éter) flutuará sobre a camada aquosa devido às diferenças de densidade. Abra a torneira no fundo do funil para drenar a camada aquosa, deixando a camada orgânica para trás.

Secagem: Para remover qualquer água restante, deixe a camada orgânica (contendo éter) secar. O éter é volátil, pelo que se evaporará, deixando para trás o Solvente Eutéctico Profundo desejado.

4. RESULTADOS E CONCLUSÕES

4.1 Ao utilizar diferentes reagentes, realize uma reação
multicomponente: -

Serial No.	Aldehyde	Active Methylene Group	Melting Point MP
6a	O-Nitro Benzaldehyde	Malononitrile + Resorcinol	209-211[29]
6b	P- Cl-Benzaldehyde	Malononitrile + Resorcinol	162-164[29]
6c	Salicylaldehyde	Malononitrile + Resorcinol	252-254[29]
6d	Cinnamaldehyde	Malononitrile + Resorcinol	180-182
6e	O-Nitro Benzaldehyde	Malononitrile + Dimedone	220-222[29]
6f	Benzaldehyde	Malononitrile + Dimedone	230-232
6g	O-Nitro benzaldehyde	Malononitrile+β Naphthol	184-185[30]
6h	2-OH Naphthaldehyde	Malononitrile+β Naphthol	202-205
6i	Cinnamaldehyde	Malononitrile+β Naphthol	231-233[30]

[2930]

---

[29] Kiyani, Hamzeh, e Fatemeh Ghorbani. "A ftalimida de potássio promoveu a síntese em tandem multicomponente verde de 2-amino- 4H-cromenos e 6-amino-4H-pirano-3-carboxilatos". Journal of Saudi Chemical Society 18.5 (2014): 689-701.

[30] Tahmassebi, D., Blevins, J. E., & Gerardot, S. S. (2019). Zn (L-prolina) 2 como um catalisador eficiente e reutilizável para a síntese multicomponente de compostos heterocíclicos anulados com pirano. Química Organometálica Aplicada, 33(4), e4807.

4.2 Mecanismo

O mecanismo plausível de 4H-pirano via DES de ChCl/(±)-TA (1:2) está representado na Figura 3.[31] Inicialmente, o DES é formado através de quatro interações de ligação de hidrogénio entre grupos hidroxilo de (±)-TA e iões Cl⁻ do ChCl que, ao fornecer o protão, ativam o grupo carbonilo do aldeído. O aldeído protonado sofre então ataque nucleofílico pelo resorcinol/dimedona/β-naftol resultando na geração de **1**, 1 sofre ainda ataque nucleofílico pelo malononitrilo formando o intermediário **2**. Em seguida, o ataque do grupo fenólico à funcionalidade imina seguido da desidratação forneceu o composto necessário 4H-piranos.

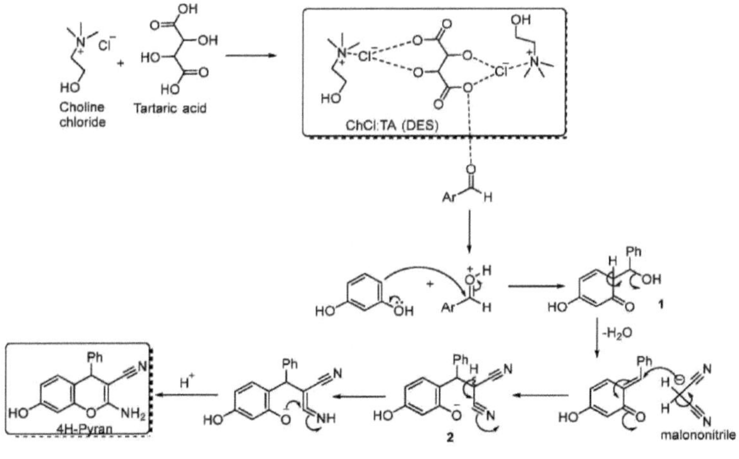

[31] ACS Omega 2022, 7, 12, 10649-10659

4.3 Dados espectroscópicos

Espectro de IV do composto 6i

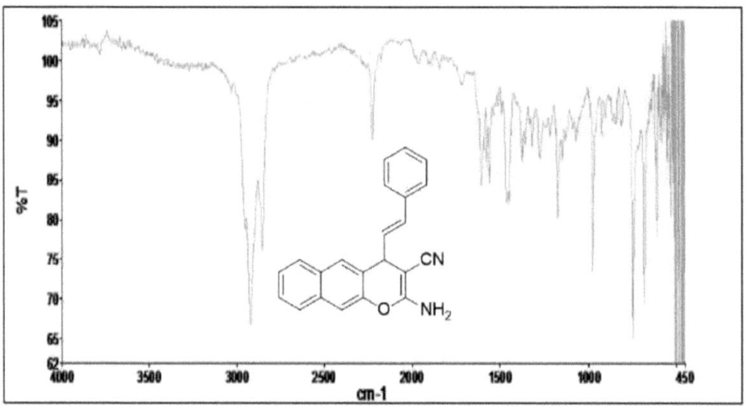

A banda de absorção forte a 2250 cm^{-1} indica a presença do grupo -CN.

Espectro de IV do composto 6a

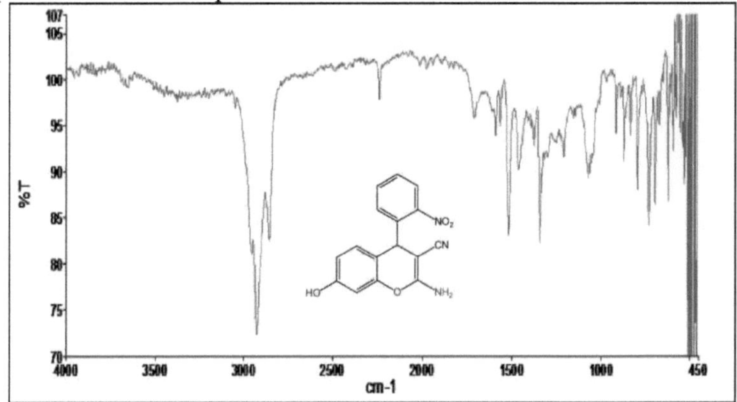

A banda de absorção forte a 2250 cm⁻¹ indica a presença do grupo -CN.

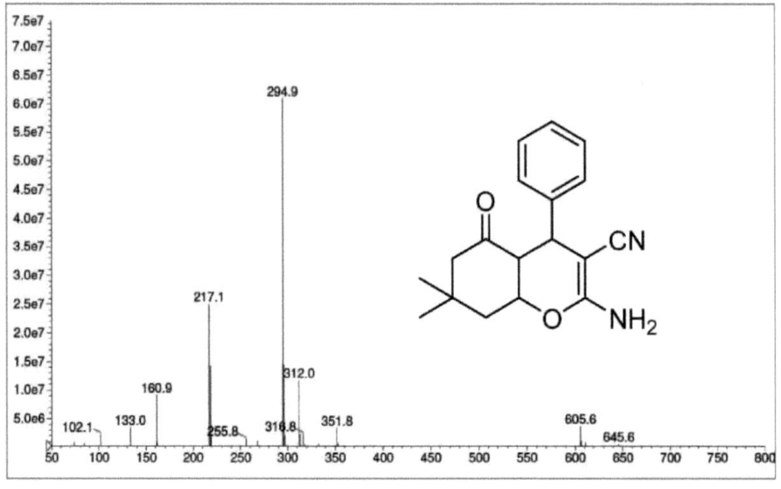
7.5e7
7.0e7
6.5e7
6.0e7
5.5e7
5.0e7
4.5e7
4.0e7
3.5e7
3.0e7
2.5e7
2.0e7
1.5e7
1.0e7
5.0e6
294.9
217.1
160.9
133.0
102.1
255.8
312.0
316.8
351.8
605.6
645.6
50
100
150
200
250
300
350
400
450
500
550
600
650
700
750
800
O
CN
NH2

4.4 Experiência de controlo

Na configuração experimental, foi executada uma reação multicomponente envolvendo um aldeído, malononitrilo e um componente fenólico - resorcinol ou β-naftol. A reação decorreu na ausência de um solvente eutéctico profundo (DES), culminando numa duração total de seis horas para ser concluída. Em contraste, os mesmos parâmetros de reação, quando conduzidos na presença de um DES, demonstraram uma melhoria acentuada na eficiência, com a reação a ficar concluída em apenas quatro horas.

Esta análise comparativa ilustra claramente as vantagens da utilização de um DES na síntese de derivados de 4H-pirano. A redução do tempo de reação em duas horas não só significa um aumento da taxa de reação, como também sugere potenciais melhorias noutros parâmetros de reação, como o rendimento e a seletividade. A utilização do DES como meio de reação pode ser atribuída às suas propriedades únicas, que podem incluir uma melhor solubilidade dos reagentes, uma maior estabilização dos intermediários e um possível aumento da taxa do ciclo catalítico. Estes benefícios fazem do DES uma opção atractiva para facilitar as reacções multicomponentes, particularmente no contexto da química verde, onde a eficiência da reação e o impacto ambiental são de importância primordial.

Component		Reaction completion Time of 4H Pyran
Aldehyde+ Malononitrile+ Resorcinol or β-naphthol	In presence of DES Solvent	4 hours
	In absence of DES Solvent	6 hours

5. CONCLUSÃO

A utilização de solventes eutécticos profundos (DES) na síntese multicomponente de derivados de 4H-pirano demonstrou oferecer vantagens significativas em relação aos sistemas de solventes tradicionais. As propriedades inerentes dos DES, tais como a sua baixa volatilidade e a capacidade de dissolver vários reagentes, facilitaram uma via de reação mais eficiente, culminando no produto desejado num período de tempo reduzido. Além disso, a capacidade de reciclagem dos DES após a reação sublinha a sua sustentabilidade, alinhando-se com os princípios da química verde. A capacidade de recuperar e reutilizar o solvente sem comprometer a sua eficácia ou os resultados da reação é um testemunho da versatilidade e dos benefícios ambientais dos solventes eutécticos profundos na química orgânica sintética.

Referências

1 Hansen, Benworth B., et al. "Deep eutectic solvents: A review of fundamentals andapplications." *Chemical reviews* 121.3 (2020): 1232-1285.

2 Dzhavakhyan, M. A., e Yu E. Prozhogina. "Solventes Eutécticos Profundos: History, Properties, and Prospects". *Pharmaceutical Chemistry Journal* (2023): 1-4.

3 Piotka-Wasylka, Justyna, et al. "Deep eutectic solvents vs ionic liquids: Similaridades e diferenças". *Microchemical journal* 159 (2020): 105539.

4 del Monte, Francisco, et al. "Deep eutectic solvents in polymerizations: Uma alternativa mais ecológica às sínteses convencionais." ChemSusChem 7.4 (2014): 999-1009.

5 Fetisov, Evgenii O., et al. "Estudo de dinâmica molecular de primeiros princípios de um solvente eutéctico profundo: Cloreto de colina/ureia e sua mistura com água". *The Journal of Physical Chemistry B* 122.3 (2018): 1245-1254. [6] Lomba, L.; García, C.B.; Ribate, M.P.; Giner, B.; Zuriaga, E. Aplicações de solventes eutéticos profundos relacionados à saúde, síntese e extração de produtos químicos de base natural. *Appl. Sci.* **2021,** *11,* 10156.

7 Lomba L, García CB, Ribate MP, Giner B, Zuriaga E. Aplicações de solventes eutécticos profundos relacionadas com a saúde, a síntese e a extração de produtos químicos de base natural. *Ciências Aplicadas.* 2021; 11(21):10156

8 de los Ángeles Fernández, María, et al. "Extracções mediadas por solventes eutécticos profundos naturais: O caminho a seguir para

desenvolvimentos analíticos sustentáveis." *Analytica chimica ata* 1038 (2018): 1-10.

9   Smith, Emma L., Andrew P. Abbott, e Karl S. Ryder. "Solventes eutéticos profundos (DESs) e suas aplicações". *Chemical reviews* 114.21 (2014): 11060-11082.

10 Smith, Emma L., Andrew P. Abbott, e Karl S. Ryder. "Solventes eutéticos profundos (DESs) e suas aplicações". *Chemical reviews* 114.21 (2014): 11060-11082.

11 Zhang, Qinghua, et al. "Deep eutectic solvents: syntheses, properties and applications." *Chemical Society Reviews* 41.21 (2012): 7108-7146.

12 García, Gregorio, et al. "Deep eutectic solvents: physicochemical properties and gas separation applications." *Energy & Fuels* 29.4 (2015): 2616-2644.

13 *Estratégias de condensação de múltiplos componentes para a síntese de bibliotecas combinatórias* Robert W. Armstrong, Andrew P. Combs, Paul A. Tempest, S. David Brown e Thomas A. Keating Acc. Chem. Res., 1996, 29 (3), pp 123-131

14 Apresentação sobre Reacções Multicomponentes, Akul Mehta, 2009 (Apresentação sobre Reacções Multicomponentes)

15 Chandran, R., et al. "Approaches towards 3-Substituted-3-hydroxyoxindole and Spirooxindole-Pyran Derivatives in a Reaction of Isatin with Acetylacetone in Aqueous Media." ChemistrySelect, vol. 4, no. 43, 2019, pp. 12757- 12761. doi: 10.1002/slct.201903301.

16 Chandran, R., et al. "Approaches towards 3-Substituted-3-hydroxyoxindole and Spirooxindole-Pyran Derivatives in a Reaction of

Isatin with Acetylacetone in Aqueous Media." ChemistrySelect, vol. 4, no. 43, 2019, pp. 12757- 12761, doi: https://doi.org/10.1002/slct.201903301.

17 Jaggavarapu, Satyanaraya Reddy, et al. "Síntese de dominó multicomponente one-pot de dibenzo[b,d]furanos altamente funcionalizados". Tetrahedron Letters, vol. 123, 2023, p. 154547, doi: https://doi.org/10.1016Zj.tetlet.2023.154547.

18 Vediyappan, Ramesh, et al. "Um acesso fácil à síntese de um novo híbrido 4H-pirano [2',3':4,5] imidazo[1,2-a] piridina altamente funcionalizado através de uma reação de dominó de quatro componentes de um pote". Tetrahedron Letters, vol. 131, 2023, p. 1547651

19 Smits, Rufus, et al. "Synthesis of 4H-Pyran Derivatives Under Solvent-Free and Grinding Conditions" [Síntese de derivados de 4H-pirano em condições de moagem e sem solvente]. Synthetic Communications, vol. 43, no. 4, 2013, pp. 46539 475Taylor & Francis Online, doi: 10.1080/00397911.2012.716484 1.

20 Bade, Thirupaiah, e Rajeswar Rao Vedula. "Síntese de derivados de 2- (4-hidroxi-6-metil-2-oxo-2H-pirano-3-carbonil)   -6,6-dimetil-3-fenil-3,5,6,7-tetrahidro-2H-benzofuran-4-ona via reação multicomponente." Synthetic Communications, vol. 44, no. 21, 2014, pp. 3183-3188, doi: 10.1080/00397911.2014.931434 1.

21 Veisi, Hojat, et al. "Síntese promovida por base electrogenerada de 3-metil-4-aril-2,4,5,7-tetrahidropirazolo[3,4- b]piridin-6-onas através de reacções multicomponentes de 5-metilpirazol-3-amina, aldeídos e ácido de Meldrum." Tetrahedron Letters, vol. 56, no. 14, 2015, pp. 1882-1886, doi:

https://doi.org/10.1016/j.tetlet.2015.02.098.

22 Nandaluru, Penchal Reddy, e Graham J. Bodwell. "Síntese multicomponente de 6 H-Dibenzo [b, d] piran-6-onas e uma síntese total de Cannabinol." *Organic letters* 14.1 (2012): 310-313.

23 Kohler, Leonhard H. F. et al. "Derivados multimodais de 4-arilcromeno com actividades desestabilizadoras de microtúbulos, anti-angiogénicas e inibidoras de MYB". *ACS Medicinal Chemistry Letters,* vol. 13, no. 11, 2022, pp. 1783-1790.DOI: 10.1021/acsmedchemlett.2c00403.

2 4 Litvinov, Yuri M., et al. "Versatile Three-Component Procedure for Combinatorial Synthesis of 2-Aminospiro[(3'H)-indol-3',4-(4H)-pyrans]." *Journal of Combinatorial Chemistry,* vol. 10, no. 5, 2008, pp. 741-745. DOI: 10.1021/cc800093q.

25 Kumar, Dinesh, et al. "O valor dos piranos como estruturas anticancerígenas em química medicinal". *RSCadvances* 7.59 (2017): 36977-36999.

26 El-Bana, Ghada G., et al. "A Review on the Recent Multicomponent Synthesis of 4H-Pyran Derivatives." *Mini-Reviews in Organic Chemistry* 21.1 (2024): 7391.

27 Banerjee, Subhash, et al. "Uma síntese verde multicomponente one-pot de 4H-piranos e derivados de anilina polissubstituídos de aplicações biológicas, farmacológicas e ópticas usando nanopartículas de sílica como catalisador reutilizável." *Tetrahedron letters* 52.16 (2011): 1878-1881.

28 El-Bana, Ghada G., et al. "A Review on the Recent Multicomponent Synthesis of 4H-Pyran Derivatives." *Mini-Reviews in Organic Chemistry* 21.1 (2024): 7391.

29 Kiyani, Hamzeh, e Fatemeh Ghorbani. "A ftalimida de potássio promoveu a síntese em tandem multicomponente verde de 2-amino-4H-cromenos e 6-amino-4H-piran-3-carboxilatos". Journal of Saudi Chemical Society 18.5 (2014): 689-701.

30 Tahmassebi, D., Blevins, J. E., & Gerardot, S. S. (2019). Zn (L-prolina) 2 como um catalisador eficiente e reutilizável para a síntese multicomponente de compostos heterocíclicos anulados com pirano. Química organometálica aplicada, 33(4), e4807.

31 ACS Omega 2022, 7, 12, 10649-10659

Printed by Books on Demand GmbH, Norderstedt / Germany